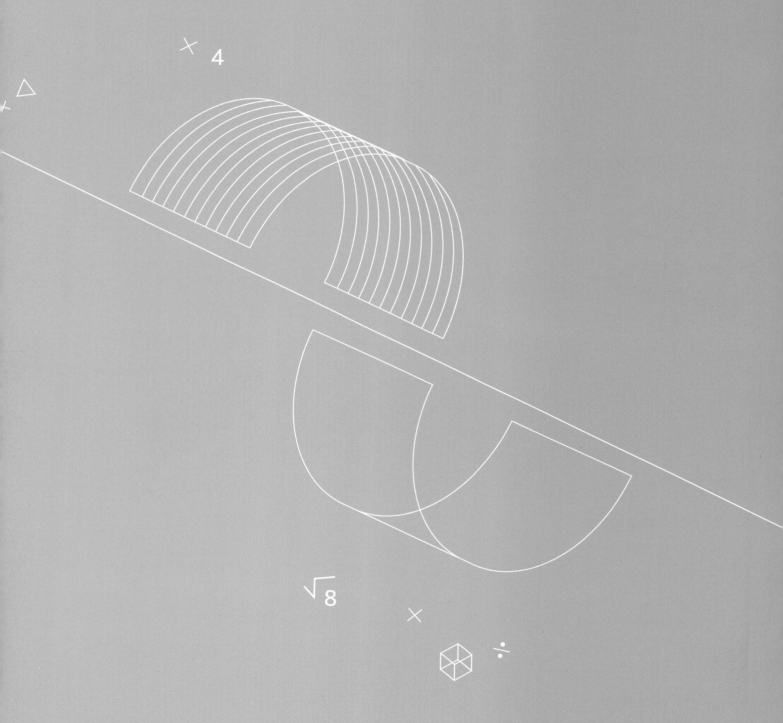

세상이 변해도
배움의 즐거움은
변함없도록

시대는 빠르게 변해도
배움의 즐거움은
변함없어야 하기에

어제의 비상은
남다른 교재부터
결이 다른 콘텐츠
전에 없던 교육 플랫폼까지

변함없는 혁신으로
교육 문화 환경의 새로운 전형을
실현해왔습니다.

비상은 오늘, 다시 한번
새로운 교육 문화 환경을 실현하기 위한
또 하나의 혁신을 시작합니다.

오늘의 내가 어제의 나를 초월하고
오늘의 교육이 어제의 교육을 초월하여
배움의 즐거움을 지속하는 혁신,

바로, 메타인지 기반 완전 학습을.

상상을 실현하는 교육 문화 기업 비상

메타인지 기반 완전 학습
초월을 뜻하는 meta와 생각을 뜻하는 인지가 결합한 메타인지는
자신이 알고 모르는 것을 스스로 구분하고 학습계획을 세우도록 하는
궁극의 학습 능력입니다. 비상의 메타인지 기반 완전 학습 시스템은
잠들어 있는 메타인지를 깨워 공부를 100% 내 것으로 만들도록 합니다.

046

봉사 활동 시간(시간)	도수(명)	
0이상 ~ 4미만	//	2
4 ~ 8	///// ////	9
8 ~ 12	///// ///// /	11
12 ~ 16	////	4
16 ~ 20	////	4
합계	30	

047 4 **048** 10 m **049** 30 m 이상 40 m 미만 **050** 6명

051 16명 **052** 5 **053** 20세 **054** 20명 **055** 10명

056 60세 이상 80세 미만 **057** 5, 2시간 **058** 4

059 2시간 이상 4시간 미만 **060** 8명

061 4시간 이상 6시간 미만 **062** 5, 10점 **063** 2

064 8명 **065** 6명 **066** 70점 이상 80점 미만 **067** 30명

068 9명 **069** 30 % **070** 6명 **071** 20 % **072** 7명 **073** 20 %

074 14명 **075** 40 % **076** 20 %

077 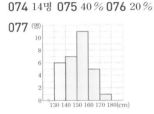   **078**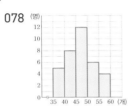

079 6, 5 cm **080** 70 cm 이상 75 cm 미만 **081** 40명

082 8명 **083** 17.5 % **084** 6, 10분 **085** 50명

086 28 % **087** 10명 **088** 500 **089** 5, 2시간 **090** 25명

091 10명 **092** 5명 **093** 50 **094** 12, 7, 7, 20 **095** 45 %

096 40 % **097** 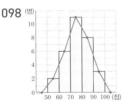 **098**

099 4, 2초 **100** 30명 **101** 20초 이상 22초 미만

102 18초 이상 20초 미만 **103** 6, 1시간

104 8시간 이상 9시간 미만 **105** 30명 **106** 10 % **107** 11명

108 10, 6, 300 **109** 136 **110** 12명 **111** 60 % **112** 12명

113 50 % **114** ○ **115** × **116** ○ **117** ○ **118** ×

119 (위에서부터) 6, 0.15, 0.35, 0.2, 0.15, 0.1, 1

120 (위에서부터) 0.1, 0.3, 0.4, 0.2

121 (위에서부터) 0.1, 0.12, 0.2, 0.5, 0.06, 0.02

122 0.2, 30 **123** 20명

124 (위에서부터) $50 \times 0.14 = 7$, $50 \times 0.24 = 12$, $50 \times 0.32 = 16$,
     $50 \times 0.18 = 9$, $50 \times 0.06 = 3$, 1

125 38명 **126** 0.2 **127** 9 **128** 3 **129** 20 % **130** 60 %

131 20명 **132** $A = 1$, $B = 5$, $C = 3$, $D = 0.15$ **133** 0.3

134 0.15 **135** 25 % **136** 50명

137 $A = 1$, $B = 15$, $C = 21$, $D = 0.42$ **138** 0.02 **139** 0.08

140 48 %

141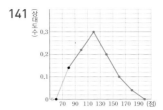

142 (위에서부터) 0.16, 0.3, 0.32, 0.12, 0.08, 1

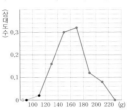

143 0.06 **144** 44명 **145** 72명 **146** 12 % **147** 600 **148** 48

149 312 **150** 14 %

151 (위에서부터) 0.22, 0.2 / 0.32, 0.24 / 0.2, 0.3 / 0.1, 0.16

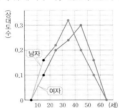

152 0.32, 0.24, 남자 **153** 여자 선수

154 80분 이상 100분 미만, 100분 이상 120분 미만,
     120분 이상 140분 미만

155 A 중학교 **156** 128명, 156명 **157** B 중학교

158 3 **159** 소희네 반 **160** 2명, 8명

161 소희네 반

162~164쪽 기본 문제 × 확인하기 ·

1 (1) 7 (2) 13 (3) 8 (4) 10   **2** (1) 8 (2) 12 (3) 15 (4) 11

3 (1) 4 (2) 1, 6 (3) 3   **4** (1) 10 (2) 6 (3) 33

5 (1) 평균: 12, 중앙값: 6, 중앙값
   (2) 평균: 46, 중앙값: 54, 중앙값

6 (1) × (2) ○ (3) ○ (4) ○ (5) ○ (6) ×

7 (1) 25명 (2) 4 (3) 2명 (4) 4명

8 (1) 5, 5회 (2) 12 (3) 28명 (4) 80 %

9 (1) 8명 (2) 24명 (3) 25 % (4) 8명

10 (1) 10명 (2) 25 % (3) 37.5 %

11 (1) 20세 이상 30세 미만 (2) 30명 (3) 20 % (4) 300

12 (1) 7명 (2) 18명 (3) 60 %

13 (1) $A = 3$, $B = 0.36$, $C = 1$, $D = 25$, $E = 1$ (2) 0.04
   (3) 0.2 (4) 40 %

14 (1) 0.3 (2) 48명 (3) 4명 (4) 12 %

165~167쪽 학교 시험 문제 × 확인하기 · · · · · · · · · · · · · · · ·

1 ⑤ **2** ② **3** 250 mm **4** 14 **5** ②

6 ① **7** ⑤ **8** 25 % **9** ③ **10** 480 **11** ④

12 ④ **13** ③ **14** ③, ⑤ **15** 2 **16** ⑤ **17** ⑤

1 / 점, 선, 면, 각

8~17쪽 001 × 002 × 003 ○ 004 ○

005 (1) 5 (2) 8 006 (1) 6 (2) 9 007 (1) 8 (2) 12

008 $\overline{PQ}$(또는 $\overline{QP}$) 009 $\overrightarrow{PQ}$ 010 $\overrightarrow{QP}$ 011 $\overleftrightarrow{PQ}$(또는 $\overleftrightarrow{QP}$)

012 —A—B—C— l, $\overrightarrow{BC}$ 013 —A—B—C— l, $\overrightarrow{AC}$

014 —A—B—C— l, $\overrightarrow{BA}$ 015 —A—B—C— l, $\overrightarrow{CB}$

016 ④ 017 ─✕─ …, 무수히 많다. 018 ─／ , 1

019 3 020 6 021 3 022 6 023 12 024 6

025 1 026 4 027 3 028 4 029 5 cm 030 6 cm

031 5 cm 032 3 cm 033 ○ 034 ○ 035 × 036 ×

037 2, 8 038 $\frac{1}{2}$, 6 039 $\frac{1}{3}$, 5 040 $\frac{2}{3}$, 10 041 12 cm

042 6 cm 043 18 cm 044 4 cm 045 8 cm 046 16 cm

047 12 cm 048 예각 049 직각 050 둔각 051 직각

052 평각 053 180° 054 90° 055 63°, 15°

056 179°, 102° 057 180°, 180°, 135° 058 75°

059 80° 060 55° 061 15 062 20 063 25 064 33

065 ∠EOD(또는 ∠DOE) 066 ∠AOF(또는 ∠FOA)

067 ∠BOC(또는 ∠COB) 068 ∠BOF(또는 ∠FOB)

069 ∠x=62°, ∠y=48° 070 ∠x=42°, ∠y=90°

071 60 072 30 073 130°, 180°, 50°

074 ∠x=60°, ∠y=120° 075 ∠x=35°, ∠y=145°

076 80° 077 38° 078 150°, 60° 079 95° 080 130°

081 105° 082 ⊥ 083 수선 084 수선의 발

085 $\overline{DO}$(또는 $\overline{OD}$) 086 점 A 087 6 cm 088 점 D

089 4.8 cm

18~19쪽 기본 문제 × 확인하기 ·····

1 (1) 4, 6 (2) 6, 9 (3) 8, 12 2 (1) = (2) ≠ (3) = (4) ≠

3 (1) 6 (2) 12 (3) 6 4 (1) 8 cm (2) 10 cm (3) 9 cm (4) 13 cm

5 (1) 2, 4, 12 (2) $\frac{1}{2}$, $\frac{1}{4}$, 4 6 (1) 18 cm (2) 9 cm (3) 27 cm

7 (1) 180° (2) 57°, 12°, 60° (3) 90° (4) 164°, 111°

8 (1) 27 (2) 15

9 (1) ∠x=54°, ∠y=50° (2) ∠x=22°, ∠y=90°

10 (1) ∠x=63°, ∠y=117° (2) ∠x=160°, ∠y=20°

11 (1) 93° (2) 32° 12 (1) 105° (2) 20°

13 (1) 점 D (2) 15 cm (3) 8 cm

20~21쪽 학교 시험 문제 × 확인하기 ·····

1 ㄴ, ㄹ 2 ③ 3 ①, ④ 4 ④ 5 ⑤ 6 16 cm

7 28° 8 ② 9 100° 10 ③ 11 15 12 80

13 ④, ⑤ 14 ④

2 / 위치 관계

24~37쪽 001 ○ 002 × 003 ○ 004 ×

005 ○ 006 점 D, 점 E, 점 F 007 점 A, 점 B, 점 C

008 점 C, 점 F 009 면 ABC, 면 BEFC

010 면 ADFC, 면 DEF 011 $\overline{AD}$, $\overline{BC}$

012 $\overline{AB}$, $\overline{CD}$ 013 $\overline{DC}$ 014 $\overline{BC}$

015 $\overline{AB} \parallel \overline{DC}$, $\overline{AD} \parallel \overline{BC}$ 016 ○ 017 × 018 ○

019 × 020 ○

021 $\overline{AE}$, $\overline{BC}$, $\overline{BF}$ 022 $\overline{CD}$, $\overline{EF}$, $\overline{GH}$

023 $\overline{CG}$, $\overline{DH}$, $\overline{EH}$, $\overline{FG}$ 024 $\overline{AB}$, $\overline{BC}$, $\overline{DE}$, $\overline{EF}$

025 $\overline{AD}$, $\overline{CF}$

026 $\overline{AC}$, $\overline{DF}$

027 $\overline{AB}$, $\overline{BC}$, $\overline{DE}$, $\overline{EF}$, $\overline{AD}$, $\overline{CF}$ 028 $\overline{BD}$ 029 $\overline{AD}$

030 $\overline{AB}$ 031 $\overline{AD}$, $\overline{EH}$, $\overline{CD}$, $\overline{GH}$

032 $\overline{AE}$, $\overline{BF}$, $\overline{EH}$, $\overline{FG}$ 033 $\overline{BF}$, $\overline{CG}$, $\overline{EF}$, $\overline{GH}$

034 ○ 035 × 036 ○ 037 ○ 038 ○ 039 ×

040 ○ 041 $\overline{BC}$, $\overline{CD}$, $\overline{AD}$

042 $\overline{AE}$, $\overline{BF}$, $\overline{CG}$, $\overline{DH}$ 043 $\overline{EF}$, $\overline{FG}$, $\overline{GH}$, $\overline{EH}$

044 면 ABCD, 면 BFGC 045 면 ABCD, 면 EFGH

046 면 ABCD, 면 BFGC 047 면 BEFC, 면 DEF

048 $\overline{AB}$, $\overline{DE}$ 049 $\overline{AD}$, $\overline{BE}$, $\overline{CF}$

050 $\overline{AB}$, $\overline{AC}$, $\overline{DE}$, $\overline{DF}$ 051 면 ADFC

052 면 ABC, 면 DEF 053 $\overline{DE}$, $\overline{EF}$, $\overline{FG}$, $\overline{DG}$

054 $\overline{AB}$, $\overline{AC}$, $\overline{BE}$, $\overline{EF}$, $\overline{DG}$ 055 $\overline{AD}$, $\overline{BF}$, $\overline{CG}$

056 면 ADGC 057 면 ABC, 면 DEFG 058 4 cm

059 면 ABFE, 면 EFGH, 면 CGHD 060 면 AEHD

061 면 ABCD, 면 BFGC, 면 EFGH, 면 AEHD

062 면 CGHD

063 면 ABCD, 면 BFGC, 면 EFGH, 면 AEHD

064 면 ABCD, 면 BFGC 065 ∠f 066 ∠h 067 ∠a

068 ∠c 069 ∠f 070 ∠e 071 ∠c 072 ∠d

073 d, 60°, 120° 074 b, 85° 075 e, 80°

076 c, 95°, 85° 077 75° 078 70° 079 105° 080 110°

081 40° 082 55° 083 125° 084 55° 085 110° 086 50°

087 65° 088 120° 089 65°, 115°, 115°

090 ∠x=130°, ∠y=130° 091 ∠x=70°, ∠y=110°

092 ∠x=107°, ∠y=73° 093 55°, 65° 094 45°

095 80° 096 70° 097 115°, 50°, 50°, 130°

031 (1) $54\pi\,cm^2$ (2) $54\pi\,cm^3$ 032 (1) $80\pi\,cm^2$ (2) $75\pi\,cm^3$

033 (위에서부터) 13, 12 (1) $100\,cm^2$ (2) $240\,cm^2$ (3) $340\,cm^2$

034 $105\,cm^2$ 035 $180\,cm^2$

036 (위에서부터) 5, 6π (1) $9\pi\,cm^2$ (2) $15\pi\,cm^2$ (3) $24\pi\,cm^2$

037 $200\pi\,cm^2$ 038 $90\pi\,cm^2$

039 4π (1) 2 (2) $4\pi\,cm^2$ (3) $12\pi\,cm^2$ (4) $16\pi\,cm^2$

040 $85\pi\,cm^2$ 041 $80\pi\,cm^2$

042 (1) $58\,cm^2$ (2) $100\,cm^2$ (3) $158\,cm^2$

043 $85\,cm^2$ 044 $219\,cm^2$ 045 $253\,cm^2$

046 (위에서부터) 5, 5, 3, 6 (1) $45\pi\,cm^2$ (2) $60\pi\,cm^2$

(3) $15\pi\,cm^2$ (4) 60π, 15π, 45π (5) $90\pi\,cm^2$

047 $44\pi\,cm^2$ 048 $164\pi\,cm^2$ 049 $98\pi\,cm^2$

050 $142\pi\,cm^2$ 051 (1) $16\,cm^2$ (2) $6\,cm$ (3) $32\,cm^3$

052 $12\,cm^3$ 053 $35\,cm^3$ 054 $84\,cm^3$

055 (1) $18\,cm^2$ (2) $6\,cm$ (3) $36\,cm^3$ 056 $10\,cm^3$

057 $96\,cm^3$ 058 (1) $25\,cm^2$ (2) $9\,cm$ (3) $75\,cm^3$

059 $32\,cm^3$ 060 $144\pi\,cm^3$

061 (1) $32\,cm^3$ (2) $4\,cm^3$ (3) 32, 4, 28

062 $78\,cm^3$ 063 $228\,cm^3$

064 (1) $72\,cm^3$ (2) $9\pi\,cm^3$ (3) 72π, 9π, 63π

065 $84\,cm^3$ 066 $76\pi\,cm^3$ 067 $285\pi\,cm^3$

068 $468\pi\,cm^3$ 069 (1) $36\pi\,cm^2$ (2) $36\pi\,cm^2$

070 (1) $64\,cm^2$ (2) $\dfrac{256}{3}\pi\,cm^3$

071 (1) $16\,cm^2$ (2) $\dfrac{32}{3}\pi\,cm^3$ 072 (1) $144\pi\,cm^2$ (2) $288\pi\,cm^2$

073 (1) $324\,cm^2$ (2) $972\,cm^3$

074 (1) 36π, 9π, 27 (2) 36π, 18π

075 (1) $75\pi\,cm^2$ (2) $\dfrac{250}{3}\pi\,cm^3$

076 (1) $12\pi\,cm^2$ (2) $\dfrac{16}{3}\pi\,cm^3$

077 (1) 16π, 4π, 16π (2) 2, 8π 078 $144\pi\,cm^2$, $216\pi\,cm^3$

079 $68\pi\,cm^2$, $\dfrac{224}{3}\pi\,cm^3$

080 (1) $\dfrac{16}{3}\pi\,cm^3$ (2) $12\pi\,cm^3$ (3) $\dfrac{52}{3}\pi\,cm^3$

081 (1) $18\pi\,cm^3$ (2) $12\pi\,cm^3$ (3) $30\pi\,cm^3$

082 (1) $18\pi\,cm^3$ (2) $36\pi\,cm^3$ (3) $54\pi\,cm^3$ (4) 1 : 2 : 3

133~135쪽 기본 문제 × 확인하기 ·····················

1 (1) (위에서부터) $26\,cm^2$, $154\,cm^2$, $206\,cm^2$

(2) (위에서부터) $9\pi\,cm^2$, $48\pi\,cm^2$, $66\pi\,cm^2$

2 (1) (위에서부터) $24\,cm^2$, $10\,cm$, $240\,cm^3$

(2) (위에서부터) $20\,cm^2$, $6\,cm$, $120\,cm^3$

(3) (위에서부터) $16\,cm^2$, $8\,cm$, $128\,cm^3$

3 (왼쪽에서부터) 6, 5π, 6

(1) $15\pi\,cm^2$ (2) $(50\pi+120)\,cm^2$ (3) $(80\pi+120)\,cm^2$

(4) $150\pi\,cm^3$

4 (1) $(35-4\pi)\,cm^2$ (2) $120\,cm^2$ (3) $20\pi\,cm^2$ (4) $(190+12\pi)\,cm^2$

5 (1) $384\,cm^3$ (2) $24\,cm^3$ (3) $360\,cm^3$

6 (1) (위에서부터) $16\,cm^2$, $48\,cm^2$, $64\,cm^2$

(2) (위에서부터) $81\pi\,cm^2$, $108\pi\,cm^2$, $189\pi\,cm^2$

7 (1) (위에서부터) $52\,cm^2$, $100\,cm^2$, $152\,cm^2$

(2) (위에서부터) $29\pi\,cm^2$, $42\pi\,cm^2$, $71\pi\,cm^2$

8 (1) (위에서부터) $24\,cm^2$, $6\,cm$, $48\,cm^3$

(2) (위에서부터) $16\pi\,cm^2$, $9\,cm$, $48\pi\,cm^3$

9 (1) (위에서부터) $96\,cm^3$, $12\,cm^3$, $84\,cm^3$

(2) (위에서부터) $256\pi\,cm^3$, $32\pi\,cm^3$, $224\pi\,cm^3$

10 (1) $144\pi\,cm^2$, $288\pi\,cm^3$ (2) $100\pi\,cm^2$, $\dfrac{500}{3}\pi\,cm^3$

11 (1) $48\pi\,cm^2$, $\dfrac{128}{3}\pi\,cm^3$ (2) $36\pi\,cm^2$, $27\pi\,cm^3$

12 (1) $18\pi\,cm^3$ (2) $36\pi\,cm^3$ (3) $72\pi\,cm^3$

136~137쪽 학교 시험 문제 × 확인하기 ·····················

1 ② 2 $128\pi\,cm^2$ 3 $126\,cm^3$ 4 ④

5 ③ 6 $(170+10\pi)\,cm^2$, $(150-6\pi)\,cm^3$ 7 ③

8 $135\,cm^2$ 9 ④ 10 ② 11 $64\pi\,cm^2$

12 ① 13 $4\,cm$ 14 ③

8 / 자료의 정리와 해석

140~161쪽 001 ❶ 0, 1, 4, 8, 9 ❷ 홀수, 4

002 6 003 11 004 17 005 27

006 ❶ 5, 12, 12, 14, 16, 30 ❷ 짝수, 12, 14, 13

007 5 008 8 009 30 010 6.5 011 7 012 5

013 4, 6 014 AB형 015 수학

016 중앙값: 8점, 최빈값: 7점, 9점 017 2, 18, 12

018 7 019 20 020 10 021 6, 6, 36, 8 022 3

023 4 024 $188\,kWh$ 025 $119\,kWh$

026 자료에 $548\,kWh$와 같이 다른 변량에 비해 매우 큰 극단적인 값
이 있으므로 평균보다 중앙값이 대푯값으로 적절하다.

027 최빈값, $235\,mm$ 028 ④ 029 ○ 030 × 031 ×

032 × 033 ○ 034 ○

035

줄기		잎
2		2 4 8
3		2 4 5 7
4		3 3 6 8 9
5		1 1 3 7 9
6		0 1

036

줄기		잎
3		0 3 4 5 8
4		2 3 3 3 6 8 9
5		1 2 2 4 7 9
6		0 1 2 5
7		4 7

037 20명 038 0 039 2, 3, 5, 7 040 5명 041 24명

042 3명 043 34회 044 6번째

045

턱걸이 기록(회)	도수(명)
0이상 ~ 5미만	// 2
5 ~ 10	//// // 7
10 ~ 15	//// /// 8
15 ~ 20	/// 3
합계	20

098 $\angle x=44°$, $\angle y=136°$ 099 $\angle x=85°$, $\angle y=95°$
100 $\angle x=60°$, $\angle y=120°$ 101 × 102 ○ 103 ×
104 ○ 105 $l\parallel n$ 106 $l\parallel m$ 107 $l\parallel n$
108 25°, 30°, 55° 109 65° 110 73° 111 64° 112 55°
113 20°, 30°, 30°, 29°, 59° 114 65° 115 20° 116 110°
117 50°, 50°, 50°, 50°, 80° 118 100° 119 36° 120 40°

38~39쪽 기본 문제 × 확인하기 · · · · · · · · · · · · · · · · · ·

1 (1) 점 B, 점 C (2) 점 A, 점 D, 점 E (3) 점 A, 점 C, 점 E
(4) 점 B, 점 D
2 (1) 점 A, 점 B, 점 E, 점 F (2) 점 A, 점 D, 점 E, 점 H
(3) 점 A, 점 D, 점 E, 점 H (4) 점 A, 점 B, 점 E, 점 F
3 (1) $\overline{AD}$, $\overline{BC}$ (2) $\overline{AD}$, $\overline{BC}$ (3) $\overline{BC}$ (4) $\overline{AD}\parallel\overline{BC}$
4 (1) $\overline{CD}$, $\overline{GL}$, $\overline{IJ}$ (2) $\overline{CI}$, $\overline{DJ}$ (3) 면 ABCDEF, 면 DJKE
(4) $\overline{AG}$, $\overline{FL}$, $\overline{EK}$, $\overline{DJ}$, $\overline{EF}$, $\overline{KL}$
(5) 면 ABHG, 면 BHIC, 면 CIJD, 면 DJKE, 면 FLKE,
면 AGLF
(6) 면 CIJD, 면 DJKE
5 (1) $\overline{CF}$, $\overline{DF}$, $\overline{EF}$ (2) $\overline{BE}$, $\overline{CF}$, $\overline{DE}$, $\overline{DF}$
(3) 면 ABC, 면 DEF (4) 면 ABED
(5) 면 ABED, 면 BEFC, 면 ADFC (6) 면 ABC
6 (1) 65° (2) 115° (3) 120°
7 (1) $\angle x=67°$, $\angle y=113°$ (2) $\angle x=112°$, $\angle y=68°$
8 (1) $\angle x=40°$, $\angle y=140°$ (2) $\angle x=64°$, $\angle y=116°$
9 (1) ○ (2) × 10 (1) 75° (2) 68° 11 (1) 64° (2) 51°

40~41쪽 학교 시험 문제 × 확인하기 · · · · · · · · · · · · · · · · · ·

1 ③ 2 ㄱ, ㄷ 3 ⑤ 4 ③, ④ 5 8 6 ②, ④
7 34° 8 ② 9 38° 10 ② 11 $l\parallel n$, $p\parallel q$
12 ③ 13 ③ 14 $\angle x=48°$, $\angle y=66°$

3 / 작도와 합동

44~53쪽 001 × 002 ○ 003 ○ 004 ×
005 눈금 없는 자 006 컴퍼스 007 ㉠, ㉢
008 ㉢, ㉡, ㉣, ㉤ 009 $\overline{OQ}$, $\overline{AC}$ 010 $\overline{CD}$
011 ㉤, ㉣, ㉢ 012 $\overline{AC}$, $\overline{PR}$ 013 $\overline{QR}$
014 $\angle QPR$ 015 $\overline{BC}$ 016 $\overline{AC}$ 017 $\overline{AB}$ 018 $\angle C$
019 $\angle A$ 020 $\angle B$ 021 <, ○ 022 × 023 ○
024 ○ 025 × 026 × 027 ○
028 ❶ a ❷ B, c ❸ C, b, A 029 ㉤, ㉡, ㉢
030 ❷ B, a ❸ B, c, A 031 ㉠, ㉡, ㉢
032 ❶ a ❸ C ❹ A 033 ㉢, ㉡, ㉠ 034 ×
035 ㄷ 036 × 037 ㄱ 038 ㄴ 039 × 040 ○
041 ○ 042 ㄴ, ㄷ 043 △EFD
044 사각형 KLIJ 045 점 H 046 점 F 047 $\overline{GF}$ 048 $\overline{FE}$
049 $\angle G$ 050 $\angle E$ 051 $\overline{DF}$, 3 052 5.5cm

053 87° 054 60° 055 6.6cm 056 5cm 057 130°
058 70° 059 ○ 060 ○ 061 ○ 062 × 063 ○
064 × 065 △PRQ, SSS 066 △LKJ, SAS
067 △NMO, ASA 068 ○ 069 × 070 ○
071 ○ 072 × 073 ㄴ 074 ㄹ 075 ㄱ, ㄴ, ㄷ
076 △CBD, SSS 합동 077 45°
078 △CDA, SAS 합동 079 65°

54~55쪽 기본 문제 × 확인하기 · · · · · · · · · · · · · · · · · ·

1 ❶ P ❷ $\overline{AB}$ ❸ P, $\overline{AB}$, Q 2 ❶ P, Q ❷ C ❹ $\overline{PQ}$
3 (1) ㉣, ㉥, ㉢ (2) $\overline{BQ}$, $\overline{DP}$ (3) $\overline{CD}$ (4) $\angle CPD$
4 (1) × (2) ○ (3) × (4) ○
5 (1) × (2) ○ (3) × (4) ○ (5) ×
6 (1) ○ (2) ○ (3) × (4) ×
7 (1) 8cm (2) 7cm (3) 65° (4) 130° 8 (1) ㄴ (2) ㅁ, ㅂ
9 (1) △ABD≡△CDB (ASA 합동)
(2) △ACO≡△BDO (SAS 합동)
(3) △ABO≡△DCO (ASA 합동)

56~57쪽 학교 시험 문제 × 확인하기 · · · · · · · · · · · · · · · · · ·

1 ④ 2 ㄱ, ㄴ 3 ③ 4 ⑤ 5 ①, ④ 6 ①
7 ② 8 ①, ④ 9 ⑤ 10 88
11 △ABC≡△IGH(ASA 합동), △ABC≡△JLK(SAS 합동)
12 ①, ⑤ 13 ③

4 / 다각형

60~73쪽 001 ○ 002 × 003 × 004 ○
005 ○ 006 ○ 007 × 008 내각, 외각 009 180°
010 180° 011 △(A, B, C 삼각형) 012 사각형(A, B, C, D)
013 육각형(A, B, C, D, E, F) 014 50°, 130° 015 95° 016 140°
017 75° 018 130° 019 85° 020 80° 021 65° 022 45°
023 62° 024 35° 025 55° 026 84° 027 30° 028 24°
029 45° 030 22° 031 42° 032 25°
033 180°, 75°, $\angle AOB$, 75°, 55° 034 50° 035 62°
036 50° 037 30°, 2, 60°, 3, 90° 038 40°, 60°, 80°
039 45°, 60°, 75° 040 ③ 041 ❶ 180°, 55° ❷ 55°, 125°
042 150° 043 40° 044 130° 045 43° 046 115° 047 25°
048 180°, 80°, 40°, 40°, 85° 049 80° 050 92°
051 ❶ 35°, 35°, 70° ❷ 70° ❸ 70°, 105° 052 90°
053 75° 054 114° 055 $\angle b+\angle d$, $\angle a+\angle c$, 180°
056 42° 057 40° 058 54°

059

 오각형	 육각형	 칠각형
5	6	7
5−3=2	6−3=3	7−3=4
$\dfrac{5\times2}{2}=5$	$\dfrac{6\times3}{2}=9$	$\dfrac{7\times4}{2}=14$

060 5, 20 **061** 9, 54 **062** 17, 170

063 3, 3, 6, 육각형 **064** 십각형 **065** 십육각형

066

 칠각형	 팔각형	 구각형
7−2=5	8−2=6	9−2=7
180°×5=900°	180°×6=1080°	180°×7=1260°

067 1440° **068** 1800° **069** 2340°

070 십일각형 **071** 십사각형 **072** 십칠각형

073 720° **074** 1620° **075** 1980° **076** 2880°

077 3420° **078** 360°, 360°, 95° **079** 70° **080** 105°

081 45° **082** 360° **083** 360° **084** 360° **085** 360°

086 360°, 360°, 90° **087** 110° **088** 70° **089** 60° **090** 50°

091 40° **092** 50° **093** 56°, 56°, 100° **094** 75° **095** 85°

096 45° **097** (왼쪽에서부터) 5, 5, 108° **098** 140° **099** 144°

100 156° **101** 162° **102** 360°, 6, 정육각형

103 정팔각형 **104** 정십이각형 **105** 정이십사각형

106 2880° **107** 360°, 36° **108** 24° **109** 18°

110 정구각형 **111** 정십이각형 **112** 정십팔각형

113 2, 72°, 72°, 5, 정오각형 **114** 정십각형

115 정십이각형 **116** 정구각형 **117** 15

74~75쪽 기본 문제 × 확인하기

1 (1) 135° (2) 85° (3) 120° (4) 95° 2 (1) 35° (2) 28°

3 (1) 35° (2) 125° 4 (1) 85° (2) 87° 5 (1) 111° (2) 81°

6 (1) 10, 65 (2) 12, 90 (3) 16, 152

7 (1) 오각형 (2) 팔각형 (3) 십이각형

8 (1) 오각형 (2) 팔각형 (3) 십육각형

9 (1) 120° (2) 120° 10 (1) 360° (2) 360° (3) 360°

11 (1) 117° (2) 60° (3) 61° (4) 75°

12 (1) 150°, 30° (2) 165°, 15° (3) 168°, 12°

13 (1) 정구각형 (2) 정이십각형

76~77쪽 학교 시험 문제 × 확인하기

1 ⑤ 2 ④ 3 53° 4 111° 5 ④ 6 126°

7 62° 8 23 9 104 10 ④ 11 ② 12 60

13 ② 14 ④ 15 정십팔각형

5 / 원과 부채꼴

80~91쪽

001 $\widehat{AB}$ **002** $\overline{AB}$ **003** $\overline{AC}$

004 ∠BOC **005** ○ **006** × **007** × **008** ○

009 13 **010** 65 **011** 2 **012** 4 **013** 60°, 6

014 9 **015** 30 **016** 120 **017** $x=3, y=120$

018 $x=36, y=15$ **019** $x=135, y=5$ **020** $x=90, y=20$

021 75°

022 ❶ 40° ❷ 40° ❸ 40°, 40°, 100° ❹ 40°, 100°, 20

023 12 cm **024** 5 cm **025** 8 **026** 100

027 165°, 19 **028** 6 **029** 26 **030** 30 **031** 140

032 5 **033** 100 **034** = **035** = **036** < **037** ○

038 × **039** ○ **040** ○ **041** ○ **042** 3, 6π

043 14π cm **044** 10π cm **045** 4, 16π

046 36π cm² **047** 49π cm²

048 (1) ❶ 10, 20π ❷ 5, 10π, 30π (2) 10, 5, 75π

049 (1) 24π cm (2) 18π cm² **050** (1) 22π cm (2) 30π cm²

051 (1) ❶ 8, 8π ❷ 2, 2π ❸ 6, 6π, 16π (2) 8, 6, 2, 16π

052 (1) 20π cm (2) 30π cm² **053** (1) 18π cm (2) 36π cm²

054 8, 45, 2π **055** 4π cm **056** 4π cm

057 6, 60, 6π **058** 60π cm² **059** 25π cm²

060 6, π, 30, 30° **061** 90° **062** 216° **063** 40, 9, 9

064 12 cm **065** 3 cm **066** 3, π, 40, 40° **067** 150°

068 160° **069** 60, 36, 6, 6 **070** 9 cm **071** 12 cm

072 4π, 16π **073** 7π cm² **074** 15π cm²

075 30π cm² **076** (1) 6π cm² (2) 16π cm² (3) 25π cm²

077 (1) 8 cm (2) 12 cm (3) 14 cm

078 (1) 4π cm (2) 4π cm (3) 6π cm **079** 120°

080 (1) ❶ 6, 60, 2π ❷ 3, 60, π ❸ 3, 6, 3π+6

(2) 6, 60, 3, 60, 6π, $\dfrac{3}{2}\pi$, $\dfrac{9}{2}\pi$

081 (1) (14π+6) cm (2) 21π cm²

082 (1) ❶ 8, 90, 4π ❷ 4, 4π ❸ 8, 8π+8 (2) 8, 90, 4, 8π

083 (1) (10π+10) cm (2) $\dfrac{25}{2}\pi$ cm²

084 (1) ❶ 8, 90, 4π, 4π, 8π (2) 8, 90, 8, 32π−64

085 (1) 24π cm (2) (72π−144) cm²

086 (1) (3π+12) cm (2) $\left(18-\dfrac{9}{2}\pi\right)$ cm²

087 (1) 6π cm (2) (36−9π) cm²

92~93쪽 기본 문제 × 확인하기

1 (1) 7 (2) 120 2 (1) $x=45, y=12$ (2) $x=6, y=80$

3 (1) 14 cm (2) 1 cm 4 (1) 10 (2) 40 5 (1) 7 (2) 38

6 (1) (6π+12) cm, 18π cm² (2) 6π cm, 3π cm²

7 (1) π cm, 2π cm² (2) 4π cm, 12π cm²

8 (1) 90° (2) 160° 9 (1) 15 cm (2) 12 cm

10 (1) 24π cm² (2) 10π cm² 11 (1) (10π+10) cm (2) 3π cm

12 (1) (392−98π) cm² (2) (64−16π) cm²

94~95쪽 학교 시험 문제 ✕ 확인하기 ·

1 ③, ④ 2 ④ 3 5cm 4 ⑤ 5 ⑤

6 20π cm, 12π cm² 7 ② 8 8π cm, 4π cm² 9 ②

10 ④ 11 ③ 12 (6π+6) cm 13 (32π−64) cm²

6 / 다면체와 회전체

98~109쪽 001 ㄱ, ㄷ, ㅁ

002 ㄱ−오면체, ㄷ−칠면체, ㅁ−오면체

003 (위에서부터) 육각기둥, 팔각뿔, 사각뿔대 / 8, 9, 6 / 18, 16, 12 / 12, 9, 8 / 직사각형, 삼각형, 사다리꼴

004 육면체 005 십면체 006 구면체

007 직사각형 008 삼각형 009 사다리꼴

010 16, 24 011 11, 20 012 12, 18

013 구각기둥 014 육각뿔 015 오각뿔대

016 (위에서부터) 정사각형, 정삼각형, 정오각형, 정삼각형 / 3, 4, 3, 5 / 6, 8, 12, 20 / 12, 12, 30, 30 / 8, 6, 20, 12

017 ○ 018 ✕ 019 ○ 020 ○ 021 ✕

022 ㄱ, ㄷ, ㅁ 023 ㄹ 024 ㄱ, ㄴ, ㄹ 025 ㅁ

026 정팔면체 027 ㄹ 028 ㅁ 029 ㄱ 030 ㄷ

031 ㄴ 032 [그림] 033 점 E 034 점 D

035 $\overline{ED}$

036 [그림] 037 점 J 038 점 I

039 $\overline{JG}$, $\overline{LG}$, $\overline{MF}$, $\overline{EF}$ (또는 $\overline{IH}$) 040 면 BMFE

041 [그림] 042 점 G 043 점 F 044 $\overline{BJ}$

045 4 046 ✕ 047 ○

048 ○ 049 ○ 050 ✕

051 ②, ⑤ 052 [그림] 053 [그림]

054 [그림] 055 [그림] 056 ㄱ 057 ㅂ

058 ㄹ 059 ㄷ 060 [그림] 061 [그림]

062 [그림] 063 [그림] 064 [그림]

065 [그림] 066 [그림] 067 [그림]

068 [그림] 069 [그림] 070 48 cm²

071 32 cm² 072 42 cm² 073 25π cm²

074 원기둥 075 원뿔 076 원뿔대

077 12 078 (왼쪽에서부터) 4π, 5

079 (위에서부터) 4, 8π, 10 080 (위에서부터) 10, 6

081 (위에서부터) 6, 4π, 2 082 (위에서부터) 3, 8, 5

083 (위에서부터) 3, 5, 8π, 4 084 ✕ 085 ✕ 086 ✕

087 ○ 088 ㄴ, ㄷ

110~111쪽 기본 문제 ✕ 확인하기 ·

1 (1) ㄱ−사각뿔, ㄷ−삼각뿔대, ㅁ−사각기둥

  (2) ㄱ−오면체, ㄷ−오면체, ㅁ−육면체

  (3) ㄱ−삼각형, ㄷ−사다리꼴, ㅁ−직사각형

  (4) ㄱ−5, ㄷ−6, ㅁ−8 (5) ㄱ−8, ㄷ−9, ㅁ−12

2 팔각기둥

3 (1) ○ (2) ✕ (3) ✕ (4) ✕ (5) ○ (6) ○

4 (1) 정이십면체 (2) 12, 30 (3) 5

5 (1) ㄴ (2) ㄷ (3) ㄱ 6 (1) [그림] (2) [그림]

7 (1) 원기둥 (2) 원, 9π cm² (3) 직사각형, 30 cm²

8 (1) (위에서부터) 6π, 8, 3 (2) (위에서부터) 12, 8π

  (3) (위에서부터) 10π, 16π

112~113쪽 학교 시험 문제 ✕ 확인하기 ·

1 ㄱ, ㄷ, ㅂ, ㅇ 2 ⑤ 3 ④ 4 ② 5 육각뿔대

6 ② 7 ⑤ 8 ⑤ 9 ⑤ 10 ① 11 ④

12 35 cm² 13 3 cm 14 ③, ⑤

7 / 입체도형의 겉넓이와 부피

116~132쪽 001 (위에서부터) 3, 4, 12

(1) 12 cm² (2) 70 cm² (3) 94 cm² 002 294 cm²

003 264 cm² 004 240 cm² 005 296 cm²

006 (위에서부터) 3, 6π (1) 9π cm² (2) 60π cm² (3) 78π cm²

007 28π cm² 008 96π cm² 009 170π cm²

010 60π cm² 011 (왼쪽에서부터) 6, 4π, 6

(1) 12π cm² (2) (32π+96) cm² (3) (56π+96) cm²

012 (28π+80) cm²

013 (1) 44 cm² (2) 380 cm² (3) 260 cm² (4) 728 cm²

014 112π cm² 015 (1) 15 cm² (2) 6 cm (3) 90 cm³

016 210 cm³ 017 108 cm³ 018 240 cm³

019 70 cm³ 020 (1) 16π cm² (2) 7 cm (3) 112π cm³

021 72π cm³ 022 196π cm³ 023 136π cm³

024 (1) $\frac{50}{3}$π cm² (2) 9 cm (3) 150π cm³

025 70π cm³ 026 80π cm³

027 (1) 288π cm³ (2) 72π cm³ (3) 216π cm³

028 320π cm³ 029 35 cm³

030 [그림] (1) 4π cm² (2) 28π cm² (3) 20π cm³

비상교재 강의
온리원 중등에 다 있다!

오투, 개념플러스유형 등 교재 강의 듣기

비상교재 강의 7일
무제한 수강

QR 찍고
무료체험
신청!

우리 학교 교과서 맞춤 강의 듣기

학교 시험 특강
0원 무료 수강

QR 찍고
시험 특강
듣기!

과목·유형별 특강 듣고 만점 자료 다운 받기

수행평가 자료 30회
이용권

무료체험
신청하고
다운!

콕 강의 30회
무료 쿠폰

※ 박스 안을 연필 또는 샤프 펜슬로
칠하면 번호가 보입니다.

콕 쿠폰
등록하고
바로 수강!

의 사항

의 수강 및 수행평가 자료를 받기 위해 먼저 온리원 중등 무료체험을 신청해 주시기 바랍니다.

대폰 번호 당 1회 참여 가능)

리원 중등 무료체험 신청 후 체험 안내 해피콜이 진행됩니다.(체험기기 배송비&반납비 무료)

콕 강의 쿠폰은 QR코드를 통해 등록 가능하며 ID 당 1회만 가능합니다.

리원 중등 무료체험 이벤트는 체험 신청 후 인증 시(로그인 시) 혜택 제공되며 경품은 매월 변경됩니다.

콕 강의 쿠폰 등록 시 혜택이 제공되며 경품은 두 달마다 변경됩니다.

벤트는 사전 예고 없이 변경 또는 중단될 수 있습니다.

문의 1588-6563 | www.only1.co.kr

검증된 성적 향상의 이유
중등 1위* 비상교육 온리원

*2014~2022 국가브랜드 [중고등 교재] 부문

10명 중 8명 내신 최상위권

최상위
성적
81.23%

*2023년 2학기 기말고사 기준 전체 성적장학생 중,
모범, 으뜸, 우수상 수상자(평균 93점 이상) 비율 81.23%

특목고 합격생 2년 만에 167% 달성

*특목고 합격생 수 2022학년도 대비
2024학년도 167.4%

성적 장학생 1년 만에 2배 증가

역대최다!

2022년
3,499명*

2023년
6,888명*

*22-1학기: 21년 1학기 중간 - 22년 1학기 중간 누
23-1학기: 21년 1학기 중간 - 23년 1학기 중간 누

눈으로 확인하는 공부
메타인지 시스템

공부 빈틈을 찾아 채우고
장기 기억화 하는 메타인지 학습

최강 선생님 노하우 집약
내신 전문 강의

검증된 베스트셀러 교재로
인기 선생님이 진행하는 독점 강좌

꾸준히 가능한 완전 학
리얼타임 메타코칭

학습의 시작부터 끝까지
출결, 성취 기반 맞춤 피드백 제

100%
당첨

BONUS!
온리원 중등 100% 당첨 이벤트

강좌 체험 시 상품권, 간식 등 100% 선물 받는다!
지금 바로 '온리원 중등' 체험하고 혜택 받자!

N Pay
10,000원

CU 모바일 문화상품권
5,000원

※ 이벤트는 당사 사정으로 예고 없이 변경 또는 중단될 수 있습니다.

문의 1588-6563 | www.only1.co.kr